BEI GRIN MACHT SICH IHR WISSEN BEZAHLT

- Wir veröffentlichen Ihre Hausarbeit,
  Bachelor- und Masterarbeit

- Ihr eigenes eBook und Buch -
  weltweit in allen wichtigen Shops

- Verdienen Sie an jedem Verkauf

Jetzt bei www.GRIN.com hochladen
und kostenlos publizieren

Bibliografische Information der Deutschen Nationalbibliothek:

Die Deutsche Bibliothek verzeichnet diese Publikation in der Deutschen National-
bibliografie; detaillierte bibliografische Daten sind im Internet über http://dnb.d-
nb.de/ abrufbar.

Impressum:

Copyright © 2017 GRIN Verlag, Open Publishing GmbH
Druck und Bindung: Books on Demand GmbH, Norderstedt Germany
ISBN: 9783668442832

Dieses Buch bei GRIN:

http://www.grin.com/de/e-book/366744/handout-zur-potentialtheoretischen-
untersuchung-einer-standardisierten

Michael Dienst

Handout zur potentialtheoretischen Untersuchung einer standardisierten Laborfinne

Beitrag zu Strömungswirklichkeit von Surfboardfinnen

GRIN Verlag

Handout zur potentialtheoretischen Untersuchung einer standardisierten Laborfinne

Mi. Dienst, Berlin im Mai 2017

ABSTRACT

Zur Erforschung der Strömungswirklichkeit von Surfboardfinnen kommt ein potential-theoretisches Verfahren zum Einsatz. Gegenstand der Untersuchung sind standardisierte Laborfinnen, die so genannten LABFins. Bei der Analyse mit der Potentialtheorie werden Gleichungen gelöst, deren verallgemeinernde Beschreibung der sogenannte Arbitrary Lagrangian-Eulerian-Formulierung folgt.

INTRO

In maschinenbaubetonten Entwicklungsszenarien werden in der frühen Phase physikalische Wirkprinzipien Funktionsstrukturen und numerische Funktionsmodelle nachgefragt. Computersimulationen geben erste Auskünfte über Form und Art, Abmessungen, Anordnung der Gestaltungselemente eines frühen Entwurfs und bilden die Entscheidungsgrundlagen für die weitere Entwicklung. An Bedeutung gewinnen dabei gegenständliche Modelle, die mit konventioneller Gießtechnik oder in Rapid-Prototyping-Verfahren (RP) direkt aus CAD-Datenbeständen generiert werden. Aus der CAD-Geometrie ableitbare Beanspruchungs-modelle dienen der Klärung des Bauteilverhaltens bei äußerer Beanspruchung, Verformungs- und Funktionsmodelle zur Analyse des Bauteilverhaltens hinsichtlich Festigkeit, Kinematik und Dynamik.

STRÖMUNGSSIMULATION

In der Technik sind es fluidmechanische Fragestellungen, die sowohl einen hohen strukturellen Aufwand (Windkanäle, Strömungsmessstrecken), ausgefeilte numerische Methoden (Strömungssimulation, Computational Fluid Dynamics, CFD) als auch eine sehr hohe theoretische Sachverständigkeit aller Beteiligten fordern. Für die Erforschung der Strömungswirklichkeit von Surfboardfinnen sollen analytische Methoden und Simulations-programme zum Einsatz kommen. Gegenstand der ersten Untersuchungen sind synthetische Surfboardfinnen, so genannte „LAB Fins" die als artifizielle, standardisierte Laborfinnen (LABFin) eindeutig gestaltet und herzustellen sind.
Laborfinnen nach dem LABFin-Standard werden im Laufe der Untersuchung als materielle Technik- und Technologie –Demonstratoren und als Computermodelle vorliegen; sie sollen

einer numerischen Evaluation zugänglich sein. Die Strömungssimulationsverfahren, die für die Analyse von Unterwasserbauteilen eingesetzt werden können, lassen sich grob in Kategorien einteilen. Erweiterte potentialtheoretische Verfahren zur Berechnung der Konturnahen Strömung und des näheren Fernfeldes mit so genannten Panel-Codes. Die 2D-Strömungswirklichkeit des klassischen Potentiallösers kann durch eine schichtweise Anwendung auf die Finnengeometrie mit Traglinienverfahren (Prandtl) zu einem quasi-3D-Berechnungsansatz aufgebaut werden immer dann, wenn auch Lösungsmodell für endliche Tragflügel existiert. Mittelschnittverfahren auf der Grundlage klassische Potentiallöser stellen bei sehr einfachen Finnengeometrien eine Option dar. Bei zylindrischen Finnen – diese kommen bekanntlich weder in der belebten Natur noch in der Praxis artifizieller Strömungsbauteile vor - sind unter Berücksichtigung der Randbogenumströmung sogar die aus der Simulation von Strömungsmaschinen bekannten Mittelschnittverfahren zulässig.

RANSE-Verfahren lösen eine zeitlich gemittelte Form der Navier-Stokes-Gleichung mit Finite Volumen Verfahren. Bei der Analyse der Finnen interessieren Auftriebs- und Widerstandskennwerte , Kenngrößen der konturnahen Grenzschicht, die Vorhersage der Strömungsablösung und die Berechnung der Strömungswirklichkeit im näheren Fernfeld der Finne. Potentiallöser, RANSE-Verfahren und hochperformanten Grenzschichtverfahren ist gemeinsam, dass sie auf Erhaltungsgleichungen basieren. Die meisten kommerziellen Computerprogramme zur Strömungssimulation verwenden so genannte Reynolds-gemittelte Navier-Stokes-Gleichungen. Derartige CFD-Solver benötigen oft längere Rechenzeiten zur Simulation und Berechnung der Strömungswirklichkeit von Surfboardfinnen. Auf der anderen Seite der Skala stehen Potentialtheoretische Verfahren. Hier verkürzen sich die Berechnungszeiten um den Faktor 1000. Zunächst werden die wesentlichen Eigenschaften der potentialtheoretischen Verfahren angesprochen ohne jedoch auf Grundaussagen der klassischen Strömungsmechanik einzugehen. Hier sei auf die einschlägige Literatur[1] verwiesen [Tham-08] [Lech-14] [Scha-13] [Oert-11].

vollständige dreidimensionale NAVIER-STOKES Gleichungen			
Reynolds-gemittelte NAVIER-STOKES Gleichungen			Turbulenz Modelle
EULER Gleichungen		Keine Reibung, keine Ablösung	
Potentialgleichungen		Keine Reibung, Impuls-Verluste oder Ablösung	
Potentialgleichungen	FRIKTION	Impuls-Verluste oder Ablösung	
Potentialgleichungen	FRIKTION	TRANSITION	Impuls-Verluste

---

[1] Siekmann, H.E., Thamsen, P. U. (2008) Strömungslehre Grundlagen, Springer Verlag Berlin Heidelberg. Lecheler, S. (2014)Numerische Strömungsberechnung Springer Verlag Berlin Heidelberg.
Schade, H. (2013) Strömungslehre. De Gruyter Verlag.
Oertel jr., H., Böhle, M., Reviol, Th. (2011) Strömungsmechanik, Grundlagen. Springer Verlag Berlin Heidelberg.

Strömungen können auf unterschiedliche Weise beschrieben werden. Die EULER-Formulierung geht von einem raumfesten Koordinatensystem aus. Werden dagegen materielle Partikel des strömenden Mediums verfolgt, so spricht man von der sogenannten materialbezogenen oder LAGRANGE-Formulierung. Bei der Untersuchung der Fuid-Struktur Wechselwirkung beweglicher, strömungsadaptiver Bauteile in einem Fluid müssen stark verformte Bereiche oder bewegliche Grenzen in der jeweiligen Formulierung abgebildet werden. Für eine gemeinsame Beschreibung der Bewegungen eines Mediums darf eine übergeordnete, willkürliche (engl. arbitrary) Beschreibung aus raum- und materialbezogener Formulierung, die sogenannte Arbitrary Lagrangian-Eulerian-Formulierung (ALE) erfolgen. Angewandt auf das Gebiet κ und mit dem NABLA-Operator[2] kann für die Erhaltung von Masse, Impuls und Energie geschrieben werden:

$$\text{Masse:} \qquad d\rho/dt \ = (\delta\rho/\delta t)_\kappa + v \cdot \nabla\rho$$

$$\text{Impuls:} \qquad \rho(dv/dt) = \rho((\delta v/\delta t)_\kappa + (v \cdot \nabla)v\,)$$

$$\text{Energie:} \qquad \rho(dE/dt) = \rho((\delta E/\delta t)_\kappa + v \cdot \nabla E\,)$$

Auf einer abstrakten Ebene liefert die (dimensionslose) Navier-Stokes-Gleichung Aussagen über Transportvorgänge in einer Strömungs-Wechselwirklichkeit:

Lokale Beschleunigung	+	*konvektive Beschleunigung*	=	*Druck*	+	*Reibung*
$(\delta v/\delta t)_\kappa$	+	$(v \cdot \nabla)\ v$	=	$-\nabla p$	+	$\Delta v \cdot Re^{-1}$

Die vereinfachte Betrachtung der reibungsfreien Umströmung ist die EULER-Gleichung[3]:

Lokale Beschleunigung	+	*konvektive Beschleunigung*	=	*Druck*
$\rho\,(\,(\delta v/\delta t)_\kappa$	+	$(v \cdot \nabla)\ v\,)$	=	$-\nabla p$

EULER-Gl. für eindimensionale Strömung u(s): $\qquad (\delta u/\delta t) + u\,(\delta u/\delta s) = -\,1/\rho\,(dp/ds)$

BERNOULLIi-Gl. für reibungsfreie stationäre Strömung : $\quad u^2/2 + p/\rho = const.$

Die Navier-Stokes-Gleichungen gelten für (fast) alle Strömungen. Um das gegebene Strömungsproblem lösen zu können, sind neben der Geometrie auch fluidmechanische Randbedingungen notwendig. Nur durch die Wahl physikalisch richtiger Randbedingungen stellt sich auch eine Strömung ein. Grundsätzlich fragen wir zuerst: Was strömt in das Strömungsgebiet ein, was strömt heraus. Welcher Art ist die Strömung an den Wandungen des Modells. Wir unterscheiden die Randbedingungen nach physikalischen Rand-bedingungen, pRB und numerischen Randbedingungen, nRB. Hierin sind: pRB, alle vorgegebenen Größen am (Berechnungs-) Rand und nRB, alle berechenbaren Größen am (Berechnungs-) Rand. Die Anzahl der zu lösenden Erhaltungsgleichungen muss der Summe

---

[2] Der Nabla Operator ∇ angewandt auf ein Skalarfeld f: $\qquad \mathbf{grad\ f} \ = \nabla f \ = \delta f/\delta x + \delta f/\delta y + \delta f/\delta z$

   Der Nabla Operator ∇ angewandt auf ein Vektorfeld V: $\qquad \mathbf{div\ V} \ = \nabla \cdot V = \delta V_x/\delta x + \delta V_y/\delta y + \delta V_z/\delta z$

[3] Die EULER-Gleichung für eine eindimensionale Strömung u(s) lautet: $(\delta u/\delta t) + u\,(\delta u/\delta s) = -\,1/\rho\,(dp/ds)$

aller physikalischen Randbedingungen Σ pRB und aller numerischen Σ nRB entsprechen. Im dreidimensionalen Fall sind das also $S_{3D}= \Sigma$ nRB $+ \Sigma$ pRB $= 5$. Die eine numerische Randbedingung (innen) am Einströmrand EIN wird vom Simulationsprogramm berechnet, die vier äußeren physikalischen Randbedingungen pRB müssen vorgegeben werden; z.B. den Totaldruck p_t, die Totaltemperatur T_t die Zuströmrichtung in der xz-Ebene (bzw. das Verhältnis der Zuströmgeschwindigkeit w/u) und die Zuströmung in der xy-Ebene (bzw. das Verhältnis der Zuströmgeschwindigkeit v/u) die wir in unserem virtuellen Finnen-Strömungskanal als den Anströmwinkel α benennen werden. In anderen Anwendungen sind Randbedingungen, wie beispielsweise der Massenstrom $\underline{m}$ anzugeben. Am Abströmrand AUS wird lediglich eine physikalische Randbedingung gefordert, in der Regel ein statischer Druck p=konst. oder eine statische Druckverteilung p=f(y,z); die vier numerischen Randbedingungen werden vom Simulationsprogramm berechnet. Am Festkörperrand des Strömungsraumes müssen vier physikalische Ranbedingungen angegeben werden - drei Geschwindigkeitskomponenten und die Wandtemperatur, bzw. deren Gradient falls dieser bekannt ist - und eine Randbedingung nRB wird vom Programm berechnet. Bei reibungs-behafteten Strömungen gilt (die so genannte Haftbedingung) dass die Geschwindigkeits-komponenten an der Wand verschwinden: u=v=w=0.

POTENTIALLÖSER

Die durch Potentiallöser erstellte Strömungswirklichkeit kann in ausgesuchten Fällen mit hoher Wahrscheinlichkeit an das reale Strömungsphänomen hinreichen. In der Potential-theorie werden, unter Berücksichtigung spezieller Randbedingungen, geschlossene (Potential-) Gleichungen aufgestellt und gelöst. Eingebettet in moderne Programm-umgebungen können potential-theoretische Berechnungen sehr schnell sein. Wir betrachten in diesem Handout nur ebene Strömungsfelder. Wegen der Linearität der Gleichungen gilt für Potentialströmungen das Superpositionsprinzip, das die Darstellung und Berechnung komplexer Lösungen aus der Überlagerung von einfachen Strömungen für die Elementarlösungen erlaubt. Bei Potentialströmungen ist die Zirkulation immer dann Null, wenn keine Singularitäten eingeschlossen werden. Mit der Zirkulation lassen sich Wirbelstärke und Auftriebskräfte an einem Tragflügel berechnen. Als Potential werden hierbei Skalarfunktionen verstanden, deren partielle Ableitung eine Größe mit physikalischer Bedeutung angibt. Ist eine Strömung wirbelfrei, so folgen aus dem Gradienten der Feld-funktion die Geschwindigkeitskomponenten der Strömung. Bei wirbelfreien Strömungen sind die Vektorkomponenten nicht mehr unabhängig voneinander sondern über das Potential verbunden. Nach dem Satz von Kutta-Joukowsky kann die auftriebsbehaftete Umströmung eines Profils als Kombination aus Parallel- und Zirkulationsströmung betrachtet werden, wenn die (Kutta`sche) Abflussbedingung erfüllt ist. Diese fordert ein glattes Abströmen des Fluids an der Hinterkante.

Programmsysteme wie JAVAFOIL, EPPLER PROFIL und XFOIL[4] sind robuste, einfache Codes zur zweidimensionalen Strömungsberechnung nach der Potentialtheorie. Sie arbeiten jedoch mit einigen Einschränkungen. In diesem Handout betrachten wir das Programmsystem JAVAFOIL. Die Analyse des Strömungsgeschehens in der Grenzschicht eines Tragflügels ist bei einem Potentiallöser direktional. Die Grenzschichtanalyse gibt also keine Rückmeldung an die potentialtheoretische Strömungslösung und enthält keine (zur Konvergenz führenden) Iterationsschleifen. Die Direktionalität schränkt damit die Aussagekraft der berechneten Strömungswirklichkeit des Potentiallösers über eine reale Strömung ein. Für das wandnahe Strömungsgeschehen berechnet JAVAFOIL keine laminaren Trennblasen und modelliert keine Strömungstrennung in derartigen Strömungsgebieten. Immer dann, wenn solche Effekte auftreten, werden die Berechnungsergebnisse ungenau. Eine Auftrennung der Strömung, wie sie bei Stall auftritt, wird nur bis zu einem gewissen Grad durch empirische modellierte Korrekturen beschrieben. Strömungstrennung und speziell Stall sind drei-dimensionale Strömungsgeschehen und auch schnittweise durch einen zweidimensionalen Strömungslöser nicht darstellbar. Für Strömungszustände, die jenseits des Stallpunktes liegen, liefert der (zweidimensionale) Potentiallöser ungenaue Ergebnisse. Eine genauere Analyse der Grenzschichtströmung würde ein anspruchsvolleres Verfahren zur Lösung der Navier-Stokes-Gleichungen erfordern; dies ist (im Falle einer CFD-Rechnung) mit einer Steigerung der CPU-Zeit um den Faktor 1000 verbunden.

Im Potentiallöser JAVAFOIL ist eine klassische Panel-Methode implementiert, um das lineare Potential-Flow-Feld zu bestimmen. Wie bei den meisten Panel-Methoden erhöht sich die Lösungszeit für das lineare Gleichungssystem mit dem Quadrat der Anzahl der Unbekannten. Daher ist es ratsam, die Anzahl der Punkte auf Werte zwischen 50 und 150 zu begrenzen. Diese relativ kleine Zahl liefert bereits ausreichend Genauigkeit der Ergebnisse.

Für die Simulation der wandnahen (Grenzschicht-) Strömung wird eine Grenzschichtintegra-tion nach Eppler[5] durchgeführt. Solche ganzheitlichen Methoden basieren auf Differential-gleichungen, die das Wachstum der Grenzschichtparameter in Abhängigkeit von der lokalen Strömungsgeschwindigkeit ermitteln. Während genaue analytische Formulierungen für laminare Grenzschichten vorhanden sind, ist für den turbulenten Teil eine empirische Korrelationen erforderlich. Methoden zur Vorhersage des Übergangs von laminar zu turbulenter Strömung wurden seit den frühen Tagen der Prandtl'schen Grenzschichttheorie von vielen Autoren entwickelt. Grundsätzlich ist es möglich, die Stabilität einer Grenzschicht numerisch zu analysieren. Dennoch sind alle praktischen und schnellen Methoden mehr oder weniger auf empirische Beziehungen angewiesen, die meist aus Experimenten abgeleitet sind. Die lokalen Parameter an einem Punkt P auf der Kontur des Profils sind das

---

[4] Das frei verfügbare Programm *JavaFoil* ist in der Programmiersprache Java geschrieben. The potential flow analysis is done with a higher order *panel method* (linear varying vorticity distribution). Taking a set of airfoil coordinates, it calculates the local, inviscid flow velocity along the surface of the airfoil for any desired angle of attack. http://www.mh-aerotools.de/airfoils/javafoil.htm
The Eppler program PROFIL from *Public Domain Computer Programs for the Aeronautical Engineer* containing the original source code, the source code converted to modern Fortran, and several test cases, references for the Eppler program and a revision of Eppler models that includes a correction for compressibility in: http://www.pdas.com/epplerdownload.html
XFOIL wurde in den 1980er Jahren von Mark Drela als Entwicklungstool im Daedalus-Projekt beim Massachusetts Institute of Technology programmiert.
XFOIL ist ein interaktives Programm zum Entwurf und zur Berechnung von Tragflächenprofilen im Unterschallbereich.

[5] Siehe auch: Richard Eppler: Airfoil Design and Data. Springer, Berlin, New York 1990.

Ergebnis einer Integration (der Strömungsgrößen um P) und enthalten und verarbeiten damit Informationen über die Geschichte der Strömung. Die Wirkung der Rauigkeit auf den Übergang von der laminaren in die turbulente Strömung ist komplex und kann mit einem Potentiallöser nicht genau simuliert werden. Auch moderne direkte numerische Simulationsmethoden haben Schwierigkeiten den Effekt zu simulieren. JAVAFOIL besitzt einen Friktionsansatz mit dem zwei Effekte der Oberflächenrauigkeit modelliert werden: (1) Die laminare Strömung wird auf einer rauen Oberfläche destabilisiert, was zu einem vorzeitigen Übergang führt und (2) laminare als auch turbulente Strömung erzeugen auf rauen Oberflächen einen höheren Reibungswiderstand. Aus dem Vergleich mit Lösungen aus Experimenten am Strömungskanal kann dem Potentiallöser in ausgesuchten Fällen eine zufriedenstellende Voraussagewahrscheinlichkeit attestiert werden. Rotorfreie Potentialströmungen sind Wirbelströmungen. Unter der Drehung einer Strömung kann man sich die Rotation der einzelnen Fluidteilchen um die eigene Achse vorstellen.

Die Wirbelstärke $\underline{\omega}$ ist definiert als: $\omega = \frac{1}{2}$ rot v . Die Komponenten der vekt. Wirbelstärke $\underline{\omega}$:

$\underline{\omega}_x = \frac{1}{2} \left((\delta v / \delta y) - (\delta v / \delta z) \right)$ und $\underline{\omega}_y = \frac{1}{2} \left((\delta v / \delta z) - (\delta v / \delta x) \right)$ und $\underline{\omega}_z = \frac{1}{2} \left((\delta v / \delta x) - (\delta v / \delta y) \right)$

Bei Potentialströmungen ist die Strömung rotorfrei; es gilt also: $\omega = \frac{1}{2}$ rot v = 0.

$0 = \left((\delta v / \delta y) - (\delta v / \delta z) \right)$ und $0 = \left((\delta v / \delta z) - (\delta v / \delta x) \right)$ und $0 = \left((\delta v / \delta x) - (\delta v / \delta y) \right)$

Eine weitere wichtige Größe als Maß für die Drehung der Strömung über eine Fläche A ist die Zirkulation. Definiert ist Zirkulation Γ als Linienintegral der Geschwindigkeit über eine beliebig geschlossene Kurve L im Strömungsfeld. Ob und im welchem Ausmaß sich Wirbel auf einem Gebiet A befinden, kann demnach über die Zirkulation bestimmt werden. Mit Hilfe des Stokes'schen Integralsatzes lässt sich der Zusammenhang von Drehung und Zirkulation beschreiben. Für Potentialströmungen ist die Zirkulation immer Null, wenn keine Festkörper oder Singularitäten mit eingeschlossen wurden. Über die Zirkulation lassen sich, Wirbelstärke und Auftriebskräfte berechnen.
In der Potentialtheorie werden Strömungsfelder mittels Stromlinien dargestellt. Wenn Kontinuität herrscht ($0 = \delta u / \delta x + \delta v / \delta y$) und das ist natürlich hier der Fall, ist die Stromlinie eine sehr anschauliche Metapher für die Strömungswirklichkeit um einen Körper in der Art, dass sie die Tangenten der vektoriellen Hauptströmungsrichtung graphisch darstellt. In stationären Strömungen repräsentieren die Stromlinien die Teilchenbahnen. Ausgenommen an Staupunkten, an denen sich mehrere Stromlinien treffen können, schneiden sich Stromlinien nicht, da an einem Punkt nicht gleichzeitig zwei Geschwindigkeiten herrschen können. Stromlinien sind also quasi fiktive Konstrukte und dennoch kommen sie uns alltäglich vor. Wie selbstverständlich rauschen auf der abendlichen Wetterkarte Geschwindigkeits-Pfeile auf Stromlinien über Isobaren und Temperaturfelder. Das Auge hat bereits verstanden, was Strömungen und Potentiale zu bedeuten haben.
Stromlinien sollen also mit einem Pärchen aus zwei sehr nützlichen Funktionen, einerseits der Stromfunktion Ψ und einer ihr mathematisch sehr verwandten Potentialfunktion Φ beschrieben werden. Der auf den ersten Blick vielleicht umständlich erscheinende Ansatz über die Stromfunktion und eine auf dieser orthonormal abbildbaren Potentialfunktion, bringt tatsächlich Klarheit in die Argumentation. Erinnern wir uns noch einmal an die

Strömungsgrößen ρ, u, v, w so werden die Stromlinien (in der ebenen Betrachtungsweise: x,y) durch genau diese Stromfunktion Ψ = **konst** beschrieben. Für die Geschwindigkeitskomponenten u und v schreiben wir:

In x-Richtung: $\mathbf{u = \delta\Psi/\delta y}$ sowie: $u\,\delta y = \delta\Psi$ und in y-Richtung: $\mathbf{v = -\,\delta\Psi/\delta x}$ sowie: $v\,\delta y = -\delta\Psi$

Dieser Ansatz ist sehr leistungsfähig und erfüllt die oben angeführten Erhaltungssätze. Wir setzen die Stromfunktion $(u=\delta\Psi/\delta y)$ jetzt in die Kontinuitätsgleichung $0=\delta u/\delta x + \delta v/\delta y$ ein:

$$0 = \delta u/\delta x + \delta v/\delta y = \delta^2\Psi/\delta x\delta y - \delta^2\Psi/\delta x\delta y = 0$$

Wir hatten Rotorfreiheit gefordert, also: $0 = \delta v/\delta x - \delta u/\delta y$ und als eine Definition der Potentialströmung behandelt. Auch hier ersetzen wir die Geschwindigkeitskomponenten in der Beziehung in x-Richtung $(u = \delta\Psi/\delta y)$ sowie in y-Richtung $(v = -\,\delta\Psi/\delta x)$ und erhalten die als **Laplace-Gleichung** bekannte Form:

$$\delta^2\Psi/\delta x^2 - \delta^2\Psi/\delta y^2 = 0 = \Delta\Psi$$

Die Änderung der Stromfunktion ist Null, die Stromfunktion selbst ist konstant. In unserem Definitionsfall zumindest[6]. Potentiale sind Skalarfunktionen, deren Ableitung nach einer Koordinate eine physikalische Größe angibt (wir erinnern uns an die Wetterkarte oben im Text). Ist eine Strömung wirbelfrei, so ergeben sich die Geschwindigkeitskomponenten der Strömung aus dem Gradienten der Feldfunktion. Die Potentialfunktion $\Phi = \Phi(x,\,y)$ zeigt demnach das Geschwindigkeitspotential des Vektorfeldes an, falls für die Geschwindigkeit $\underline{v}$ gilt: $\underline{v} = \mathrm{grad}\Phi$. Die Potentialfunktion fragt nach der Veränderlichkeit (gradient) der Geschwindigkeit der (Strömungs-) Elemente in einem Strömungsfeld.

Für das Potential Φ gilt also: $\mathrm{grad}\,\Phi = \{u, v\} = \{\ (\delta\Phi/\delta x),\ (\delta\Phi/\delta y)\ \}$

Potentialfunktion Φ und Stromfunktion Ψ stehen senkrecht auf einander. Dieser Zusammenhang zwischen den Ableitungen der Potentialfunktion Φ und jener der Stromfunktion Ψ wird durch eine als **Cauchy-Riemann-Differentialgleichung** bekannte Form beschrieben.

$$\delta\Phi/\delta x = \delta\Psi/\delta y \quad\text{und}\quad \delta\Phi/\delta y = -\,\delta\Psi/\delta x$$

Potentialfunktion und Stromfunktion bilden ein orthogonales Kurvennetz: $\mathrm{grad}\Phi\cdot \mathrm{grad}\Psi = 0$.

$$\delta\Phi^2/\delta x^2 + \delta\Phi^2/\delta y^2 = 0 = \Delta\Phi$$

Auch die Änderung der Potentialfunktion ist Null und die Potentialfunktion selbst ist damit konstant. Die Potentialtheorie ist unbequem, nicht beliebt aber elementar. Die gesamte geschlossen-analytische, die klassische Strömungsmechanik ist mit der Potentialtheorie

---

[6] Ist die Änderung der Stromfunktion ungleich Null, also $(\delta^2\Psi/\delta x^2 - \delta^2\Psi/\delta y^2) = D(x,y,t)$ eine orts- und zeitabhängige Funktion („Diffusionsterm D(x,yt)"), erhalten wir eine als „POISSON-Gleichung" bekannte Form.

herleitbar. Alle Wirbelmodelle, die (Wirbel-) Sätze von Thomson und Helmholtz und auch der so überaus nützliche (Wirbel-) Satz von Biot und Savart basieren auf der speziellen Anwendung (Strömungsmechanik) einer allgemeinen Feldtheorie. Angewandt auf die Elektrotechnik ist der Satz von Biot und Savart beispielsweise das elektrodynamische Prinzip. Wir sollten nicht müde werden über die Universalität einer Feldtheorie zu grübeln. Eine Herleitung elementarer Potential-Strömungen findet man in den klassischen Lehrbüchern zum Thema. Sehr anschaulich und elementar werden Potential- und Stromfunktion entwickelt in Siegloch [Siegloch] der auch auf die Superponierbarkeit der Elementarlösungen eingeht und die konforme Abbildung als Methode zur Analyse beliebiger Profilkonturen erörtert. Nützlich sind in diesem Zusammenhang die potentialtheoretischen Ursachen und Zusammenhänge mit der klassischen Wirbeltheorie in [Thamsen]. Kurz gehe ich ein auf eine äußerst elegante Schreibweise der Elementarlösungen der Potentialströmung. Zur Berechnung eines Geschwindigkeitspotentials wird die zweidimensionale Betrachtungsebene als komplexe Zahlenebene aufgefasst, in der der Wert des Potentials als Realteil einer Funktion F dargestellt wird:

$$F(z) = \Phi(x,y) + i\,\Psi(x,y) \quad \text{mit } z = x + i\,y$$

Die Funktion F ist das komplexe Geschwindigkeitspotential mit den Geschwindigkeiten u und v: $\qquad u = \delta\Phi/\delta x \quad$ und $\quad v = \delta\Phi/\delta y$.

Die komplexe Geschwindigkeit w ist dann: $\qquad w = u - i\,v = dF/dz$.
- Translationsströmung in x-Richtung, Potential: $\Phi = u\,x$. und Stromfunktion $\Psi = u\,y$.
- Translationsströmung in y-Richtung, Potential: $\Phi = u\,y$. und Stromfunktion $\Psi = u\,x$.

In der komplexen Ebene:
- Beliebige Parallelströmung $\qquad F(z) = w\,z \qquad$ mit $\qquad w = u - i\,v$. folgt $F(z) = z(u - i\,v)$
- Quellen $\qquad F(z) = (Q/2\pi)\,\ln(z) \qquad u = Q\,x/(2\pi\,x^2 + y^2)$ und $\qquad v = Q\,y/(2\pi\,x^2 + y^2)$
- Pot.-wirbel $\qquad F(z) = (\Gamma/2\pi)\,i\,\ln(z) \qquad u = \Gamma\,x/(2\pi\,x^2 + y^2)$ und $\qquad v = \Gamma\,y/(2\pi\,x^2 + y^2)$
- Dipol $\qquad F(z) = m/z \qquad u = m\,(x^2 + y^2/(x^2 + y^2)^2)$ und $v = -m\,(2xy/(x^2 + y^2)^2)$

Für die Anwendbarkeit der Potentialtheorie auf strömungsmechanische Aufgabenstellungen wurden Verfahren entwickelt, die spezielle Fragen nach Geschwindigkeitsverteilungen, lokalen Druckgradienten nahe dem Strömungskörper und den Strömungsgrößen im näheren Umfeld der Kontur beantworten.
Eine ausentwickelte Methode ist das so genannte Panelverfahren, mit dem auch der in diesem Aufsatz beschriebene Potentiallöser arbeitet. Das Panelverfahren ist eine lineare Randelementmethode für Potentialströmungen und auf inkompressible, reibungs- und wirbelfreie Strömungen begrenzt, also gerade auf Strömungen, die mit der Laplace-Gleichung bearbeitet werden können. Das verallgemeinerte Panel-Verfahren ist dreidimensional und infinitesimal. Dazu stelle man sich eine (unendliche Anzahl) von nebeneinander liegenden Linien-Quellen bzw. Linien-Senken vor. Die nebeneinander angeordneten Linienquellen (respektive Senken) bilden eine Quellfläche. Die Kontur der Quellfläche erscheint als Kurve s, auf der die (Linien-) Quellen im Abstand einer

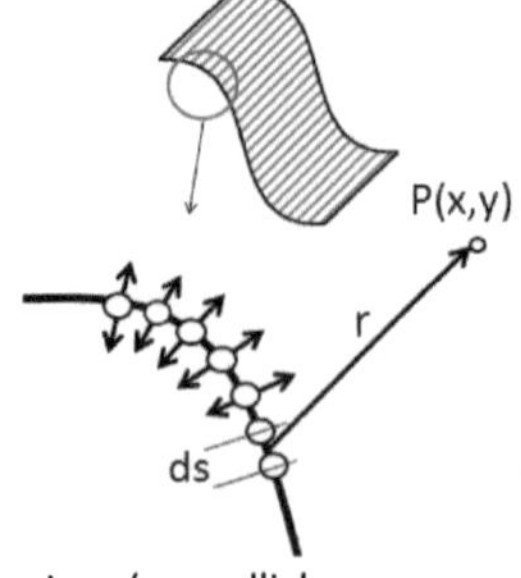

Einheitslänge ds aufgereiht angeordnet sind. Definieren wir eine lokale spezifische Quellstärke pro Einheitslänge $\lambda = \lambda(s)$. Die Quellstärke eines infinitesimal kleinen Streckenelements ds wird λds. Dieses infinitesimale Stückchen der (gesamten) Quellfläche kann als eine einzelne Linien-Quelle der Stärke λds aufgefasst werden. Eine (Linien-) Quelle der Stärke λds induziert an einem beliebigen Punkt $P = P(x,y)$ im Abstand $r(x,y)$ von der Quelle ein infinitesimales Potential[7] $d\Phi = (\lambda ds/2\pi)\ \ln(r)$. Das gesamte Potential, das durch die (gesamte) Quellfläche induziert wird, erhält man aus der Integration der infinitesimalen Potentiale $d\Phi$ über die gesamte Weglänge s. Die Quellstärke kann entlang des Weges s variieren, so dass dann neben Quellen auch Senken (negative Quellen) erscheinen. Ein Quellenfläche besteht (in Wirklichkeit) aus einer Kombination eine Quellen und Senken.

Wie andere numerische Diskretisierungsverfahren dient das Panelverfahren der Analyse und Berechnung von Anfangs- und Randwertproblemen. Anders als bei Finite Volumen Verfahren etwa, liegt bei dieser linearen Randelementmethode eine sehr hilfreiche Vereinfachung in der Beschränkung der Diskretisierung auf die betrachtete Körperoberfläche. Es ist also nicht notwendig, den gesamten Strömungsraum mit Volumenelementen beschreiben (zu diskretisieren). Ähnlich der Singularitätenmethode (siehe Elementarlösungen, oben) wird beim Panelverfahren zunächst die Körperoberfläche in Panels mit Elementarströmungen zerlegt. Nun lassen sich die Oberflächenkräfte dadurch ermitteln, dass im Flächen-mittelpunkt der einzelnen Panels die Potentialgleichungen gelöst werden.

Jedes Panel trägt eine Verteilung an Potentialströmungen konstanter Stärke. Zwischen den Panels allerdings variiert die Stärke der Singularitäten. In einem nächsten Schritt wird die Quellstärke Q (Dipolmoment M für Dipolströmungen) in den einzelnen Flächenelementen über die Erfüllung einer linearen Randbedingung ermittelt derart, dass die Stromlinien die Profiloberfläche ersetzt und die Normalgeschwindigkeit verschwindet. Die Kontur wird also durch eine besondere Stromlinie repräsentiert. Auf dieser existiert nun lediglich die Tangentialgeschwindigkeit. Allerdings ist wegen der Reibungs- und Drehfreiheit die Stokes'sche Haftbedingung für die Randkontur nicht erfüllt und Widerstandskräfte und Schubspannungen können nicht (unmittelbar) aus den Ergebnissen der Potentialtheorie berechnet werden. In einem Potentiallöser, der mit generalisierten Koordinaten arbeitet werden diese Geschwindigkeiten auf die Geschwindigkeit V_∞ aus der (Rand-) Anfangsbedingung bezogen so dass die dimensionslose Geschwindigkeit v/V_∞ [8]über die Konturoberfläche dargestellt werden kann. Das Verfahren liefert uns ein lineares Gleichungssystem aus dem sich die Geschwindigkeiten und auch die Druckfelder für jeden Punkt im Strömungsfeld bestimmen lassen

Der Druckkoeffizient c_p[9] besitzt einen Gradienten über die Kontur $c_p(x)$ und wird mit der aus der klassischen Strömungsmechanik bekannten Form aus der lokalen, spezifischen

---

[7] Eine Linien-Quelle induziert an einem beliebigen Punkt ein infinitesimales Potential $d\Phi = (\lambda ds/2\pi)\ \ln(r)$. Dies ist in der angegebenen Literatur zu eroieren. Die oben angeführte Argumentation ist entnommen einem Skript der HS Bremen.
http://homepages.hs-bremen.de/~kortenfr/Aerodynamik/script/node30.html

[8] Systemgeschwindigkeit $V=v_\infty$.

[9] $c_p = 2\ (p(x) - p_0) / (\rho \cdot V^2)$ Normdruck $p_0 = 101\ 325$ [Pa] $= 101,325$ [kPa] $= 1\ 013,25$ [hPa] $= 1\ 013,25$ [mbar], Normzustand bei $T = 273,15$ [°K] bzw. $T=0$ [°C] entsprechend DIN 1343.

Geschwindigkeit bestimmt. Hierbei wird die Bernoulli-Gleichung dazu benutzt, den Druck aus den Geschwindigkeitskomponenten zu ermitteln.

$$\text{Bernoulli}\quad p_0 + \tfrac{1}{2}\,\rho_\infty\,V^2 = p + \tfrac{1}{2}\,\rho_\infty\,v(x)^2 \quad \text{in [Pa].}$$

Für inkompressible Strömungen ($\rho_=\rho_\infty$) liefert das den lokalen Druckkoeffizienten $c_p(x)=p(x)/p_0$ aus einer Beziehung über die Systemgeschwindigkeit $V=v_\infty$.

$$c_p(x) = 1 - (v(x)/v_\infty)^2$$

STANDARDISIERUNG

Die LAB-Fin-Standardisierung betrifft eine vollparametrisierte Laborfinne deren Gestalt mit geringen deklaratorischen Mitteln beschreiben werden kann. Die Laborfinne dient in der laufenden Forschungskampagne als Technik- und Technologiedemonstrator. Der LAB-Fin-Standardisierung liegt die Idee einer fludmechanisch wirksamen Leit- und Steuertragfläche für kleine Seefahrzeuge zu Grunde, die durch einfache geometrische Elemente beschrieben wird. LAB-Fin kann skaliert und mit unterschiedlichen Profilkonturen

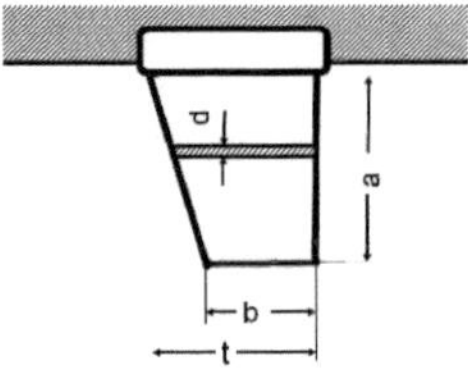

FIGUR 2

ausgestattet werden. Für die Beschreibung der Konturen wird auf Datenbanken oder Profiltabellen verwiesen (siehe hierzu auch: Abbot und Doenhoff[10], Eppler[11] und Gorrell[12]).
Die Laborfinne LAB-Fin ist ein standardisierter Messkörper, der durch lediglich vier Parameter [P0] [P1] [P2] [P3] eindeutig definiert ist. Der Parameter P0 ist die Profiltiefe an der Flügelwurzel t [mm], der Parameter P1 ist die spezifische Profildicke d/t [%]. Der Parameter P2 ist die spezifische Profiltiefe am Tragflügelende (Flügel-Tip) b/t [%], der Parameter P3 ist die spezifische Tragflügellänge a/t [%] der Finne. Die Profilkontur und weitere Features der Finne, die das Strömungsteil spezifizieren, können der Deklaration nachgestellt werden, wie folgt:

LABFin[t,mm],[d/t,%],[a/t,%],[b/t,%],[Profil],[Feature 1],..,[Feature n]

Die Glattheit der Tragflügeloberfläche und die Tragflügelprofilkontur sollen in einer Grundkonfiguration als gegeben und gesetzt gelten, so dass sich die Spezifikation vereinfacht zu: **LABFin [P0] [P1] [P2] [P3].**

LABFin ist einer systematischen simulationstechnischen Analyse und messtechnischen Validierung zugänglich. Die Analyse der mechanische Beanspruchung von Bauteilen und Baugruppen erfolgt mit klassischen Methoden der technischen Mechanik, wie etwa der Elastischen Theorie oder mit numerischen Verfahren, z.B. der Finite Element Methode (FEM). Die Strömungswirklichkeit wird nach der Potentialtheorie grob ermittelt und in einem

---

[10] [Abbo-59]   Ira H. Abbott, Albert E. von Doenhoff: Theory of Wing Sections: Including a Summary of Airfoil Data. Dover Publications, New York 1959

[11] [Eppl-90]   Richard Eppler: Airfoil Design and Data. Springer, Berlin, New York 1990

[12] [Gorr-17]   Edgar Gorrell, S. Martin: Aerofoils and Aerofoil Structural Combinations. In: NACA Technical Report. Nr. 18, 1917.

zweiten Hub mit Finite Volumen Verfahren realitätsnah analysiert (Computational Fluid Dynamics, CFD). Die standardisierte Finne ist außerdem einer Analyse der Fluid- Struktur-Wechselwirkung (Fluid Structure Interaction, FSI) zugänglich.

Eingabeparameter		absolute Abmessung	Parameter
Profiltiefe an der Flügelwurzel	t	[m]	P0
Profildicke	d	[m]	
Profiltiefe am Tragflügel-Tip	b	[m]	
Tragflügellänge	a	[m]	

Geometriebeschreibung		relative Abmessung	Parameter
Spezifische Profildicke	d/t	[%]	P1
Spezifische Profiltiefe (Flügel-Tip)	b/t	[%]	P2
Spezifische Tragflügellänge	a/t	[%]	P3
Schlankheitsgrad	λ	[-]	$= 2 \cdot a / (t+b)$
bugwärtigen Pfeilungswinkel	β	[°]	$= \arctan((t-b)/a)$

Aus der Definition der Laborfinnengeometrie ergibt sich der Schlankheitsgrad λ (Aspect Ratio) des Tragflügels und den bugwärtigen Pfeilungswinkel β. Formwiderstand, indizierter Widerstand und der Lift der Tragfläche sind über die Lateralfläche des Tragflügels determiniert, der Reibungswiderstand mit der benetzten Tragflügelfläche und der Druck-widerstand über die (in Fahrtrichtung) projezierte Tragflügelfläche:

laterale Tragflügelfläche	A	$[m^2]$	$=$	$(a \cdot t) - (a2 \tan \beta)/2$
benetzte Tragflügelfläche	A_b	$[m^2]$	$=$	$(2 \cdot a \cdot t) - (a2 \tan \beta)$
projezierte Anströmfläche	A_S	$[m^2]$	$=$	$d \cdot a$

Für das Mittelschnittverfahren ist der Druckmittelpunkt $PS(x_S,y_S)$, aller angreifenden Kräfte von Bedeutung. Der Lagrange Koordinatenursprung mit (KoordinatenNull: x0=t0 , y0=a0) soll am bugwärtigen Fuß (Flügelwurzel) der Surfboardtragfläche gedacht, liegen.

Druckmittelpunkt $PS(x_S,y_S)$:	x_S	[m]	$=$	$(2t2 - 2bt -b2)/3(t+b)$
	y_S	[m]	$=$	$a(t + 2b)/ 3(t+b)$
Profilkontur (exemplarisch)	Standardprofil, z.B. NACA 0006			
Oberfläche	alsoFeature (glatt, rau, ggf. NACA-Standard)			
Hersteller- PLUG	alsoFeature (exemplarisch Sockel, oder *FUTURES*[13])			

Das Analyseprogramm LABFin liefert ein numerisches Modell einer standardisierten Surfboardfinne und wird als Bibliothek in ein lauffähiges Hauptprogramm eingebunden. Dies kann eine Entwicklungsumgebung sein oder eine auf die besonderen Analysebelange zugeschnittenes Steuerprogramm. Das Programm LABFin ermittelt die Manövrierleistung

---

[13] Finnenterminal (Hersteller: *FUTURES*)

PLUG- Länge	L= 115	[mm]
PLUG-Tiefe	T=18	[mm]
PLUG-Dicke	D = 7	[mm]

der standardisierten Laborfinne LABFin nach dem Mittelschnittverfahren für Tragflügel-analysen. LABfin ist ein sehr einfaches Programm und sollte in der laufenden Kampagne nur den Taschenrechner als Fehlerquelle ersetzen. In der derzeitigen Version (2017) ist LABFin auf verfügbare Datensätze der zu betrachtenden Tragflügelprofile angewiesen. Es kann sich dabei um Messdaten[14] über reale Tragflügelprofile handeln, oder wie in unserem Fall, um Berechnungsergebnisse der potentialtheoretischen Untersuchung.

<u>Berechnete und abgeleitete Größen in LABFin:</u>

<u>GEOMETRIE</u>

Tragflügelfläche (Aufprojektion)	A_a	$[m^2]$	
Tragflügelfläche (Frontprojektion)	A_p	$[m^2]$	
Tragflügelfläche (benetzt)	A_b	$[m^2]$	
Tragflügeltiefe, Profiltiefe	t	$[m]$	
Tragflügeltiefe (Tip)	b	$[m]$	
Tragflügellänge	a	$[m]$	
Schlankheitsgrad	λ	$[-]$	$\lambda = A_a / b^2$

<u>KRÄFTE</u>

Strömungskraft	F_S	$[N]$	
Drehmoment (Seefahrzeug)	M_{FZ}	$[Nm]$	
Auftrieb, Querkraft, Lift	L	$[N]$	$L = c_a \cdot A_a \cdot v^2 \cdot \rho/2$
Formwiderstand	R_F	$[N]$	$R_F = c_w \cdot A_p \cdot v^2 \cdot \rho/2$
Reibungswiderstand	R_R	$[N]$	$R_R = c_r \cdot A_b \cdot v^2 \cdot \rho/2$
induzierter Widerstand	R_I	$[N]$	$R_I = c_I \cdot A_a \cdot v^2 \cdot \rho/2$

<u>KOEFFIZIENTEN</u>

Querkraftbeiwert (Messung)	c_L	$[-]$	
Widerstandsbeiwert	c_r	$[-]$	$c_r = 1{,}327 \cdot (Re)^{-1/2}$
Widerstandsbeiwert (glatt)	c_r	$[-]$	$c_r = 0{,}074 \cdot (Re)^{-1/5}$
induzierter Widerstand[15]	c_I	$[-]$	$c_I = \lambda c_L^2 / \pi$

<u>ENERGIE und LEISTUNG</u>

translatorische Verschiebung	s	$[m]$	
Rotations-Drehwinkel	γ	$[°]$	
Geschwindigkeit (scheinbar ~)	v	$[ms^{-1}]$	
Winkelgeschwindigkeit (See-Fz)	ω	$[s^{-1}]$	
Arbeit, Energie	W	$[Nm],[J]$	
Leistung (strömungsmechan. ~)	P	$[Nms^{-1}],[Js^{-1}],[W]$	
Erforderliche Verschiebearbeit	W	$[J]$	$W_T + W_R = \Sigma\, F_S\, \Delta s + \Sigma\, M_{FZ}\, \Delta\gamma$
Erforderliche Verschiebeleistung	P	$[W]$	$P_T + P_R = \Sigma\, F_S\, \Delta v + \Sigma\, M_{FZ}\, \omega$

---

[14] Siehe auch: The Airfoil Investigation Database, http://www.worldofkrauss.com/foils/578
UIUC Airfoil Coordinates Database, http://www.ae.illinois.edu/m-selig/ads/coord_database.html
[15] gemäß elliptischer Auftriebsverteilung nach Prandtl

Die Geometrie der Laborfinne ist sehr einfach, der Tragflügel ist ein Trapez mit einer rechtwinkligen Seite oder gar ein Rechteck. Deshalb habe ich für einen ersten Hub auf die Anwendung des feinauflösenden Traglinienverfahrens[16] das einen gewissen Deklarationsaufwand erfordert, verzichtet und ein so genanntes Mittelschnittverfahren programmiert. Für die homologe Profilverteilungen eines synthetischen Finnensystems liefert das Mittelschnittverfahren die gleichen Berechnungsergebnisse wie ein über die Kontur differenziertes Traglinienverfahren. Niedrigschwelligen Betrachtungen umströmter Körper können mit dem Ansatz der reibungsfreien und rotorfreien Potentialströmung erfolgen.

RESUME

Wie sinnvoll es überhaupt ist, eine Strömungswirklichkeit der realen Surfboardfinne mit numerischen Verfahren zu beschreiben, werden unsere zukünftigen Arbeiten auf diesem Gebiet zeigen. Es ist zu befürchten, dass der tatsächliche Gewinn an Erkenntnissen den doch enormen Aufwand nicht rechtfertigen kann. Das (schlichte) Nachrechnen einer gegebenen Finne folgt dabei dem naturwissenschaftlichen Duktus: man will herausfinden, was dieses Ding kann, tut, leistet, aushält, usw. Das Ergebnis-Datenvolumen aus einer einzigen Berechnungskampagne kann selbst unter den eingeübten wohlbekannten Umständen monströs sein. Nicht selten erfährt der Anwender – der Surfer, draußen in der bösen Welt – nichts Neues, während der die Finne analysierende (wahrscheinlich nichtsurfende) Wissenschaftler mit den Erkenntnissen wenig anfangen kann und erst einmal aufwändig jene Modi erzeugt, nach denen die für ihn fremdartigen Daten sortiert, geordnet und weiterverarbeitet werden sollen. Anders im Gestaltungsbereich. Der Ingenieur, der Designer und vielleicht sogar der Anwender hat nicht selten ein anderes Ansinnen als die Analyse des Stands der Technik, wenn er sich an das Computerterminal setzt um eine Strömungswirklichkeit zu simulieren. Im Rahmen einer Produktentwicklung dienen Computermodelle in der Frühen Phase dazu, das Leistungsvermögen einer neuartigen Lösung, einer Innovation, eines neuen Designs auszuloten. Natürlich sollen die Computermodelle das physikalische Geschehen (mehr oder weniger gut) abbilden, aber gerade im Zuge einer Optimierungskampagne reichen oftmals relative Daten, also Verbesserungen und Verschlechterungen der Zielparameter zweier oder mehrerer sich gegenüberstehender Varianten aus, um das Fortschreiten der Entwicklung zu beobachten und voranzutreiben. Bleibt eine Strömungswirklichkeit, ihre Methode, ihr numerisches Verfahren über die Variation der Parameter und der Simulation durch ein Computerprogramm konsistent, taugt sie auch. Es war ja gerade die Absicht der Einführung des Begriffes der „Strömungswirklichkeit" klarzustellen, dass eben mehrere „Strömungswirklichkeiten" des gleichen Strömungsphänomens oder der gleichen Zielkonstruktion nebeneinander existieren könnten. Strömungswirklichkeiten, im Sinne von Wechselwirklichkeiten etwa eines Bauteils und dem umgebenden Medium, deren Nähe zu einer tatsächlichen „Strömungsrealität" groß oder weniger groß sein mag. Abhängig von den verwendeten Methoden und Verfahren.
Insofern sind wir an dieser Stelle mit unserem Potentiallöser vollends zufrieden. Potentialtheoretische Verfahren zeichnen sich durch einen geringeren Rechenaufwand für die Beschreibung strömungsphysikalischer Phänomene aus. Der Panel-Code ist sehr schnell und realisiert eine Software für den Lehrbetrieb und Laborausbildung, die die Studierenden einlädt und ermutigt, das experimentell Erfahrene und das theoretisch Erarbeitete in einer Computersimulation nachzustellen, oder selbst gestellte Aufgaben eigenverantwortlich und

---

[16] Dienst, Mi. (2016) Fast Fluid Computation, FFC, München, GRIN Verlag, http://www.grin.com/de/e-book/322622/fast-fluid-computation-ffc

mit einer selbst gewählten Geschwindigkeit des Voranschreitens zu lösen. Potentiallöser sind gitterlose Berechnungsverfahren. Unter der Voraussetzung reibungsfreier, inkompressibler Strömung lassen sich mit potentialtheoretischen Berechnungsverfahren unter bestimmten Voraussetzungen treffende Aussagen über Strömungs-größen nahe der Außenkontur (ausgesuchter) Strömungskörper machen. Mit dem Ansatz reibungsfreier Strömung können wichtige Erkenntnisse im Verhalten umströmter Körper gewonnen werden. Potential-strömungen fordern als zusätzliches Kriterium Rotationsfreiheit der Strömung (Wirbel hingegen sind drehungsbehaftete Strömungen). Aufgrund der sehr kurzen Berechnungs-zeiten von einigen Sekunden oder Minuten (Faktor 1/1000 gegenüber rezenten CFD-Programmen) werden Potentiallöser anstelle von gemittelten Navier-Stokes Lösern (RANSE). Von wissenschaftlicher Relevanz sind Berechnungsprogramme und Strömungslöser, die sich in projektspezifische Umgebungen einbetten lassen. Dazu existieren anwendungsfreundliche Schnittstellen zu Berechnungsanwendungen (Matlab, SciLab, Maple). Wirtschaftlich und technologisch relevant sind Computerprogramme, die auch kundenspezifische Aufgaben lösen. Besondere Anforderungen an Hard- und Anwendungssoftware stellt die Simulation insbesondere dann, wenn schnelle Berechnungsergebnisse und Lösungen erforderlich sind. Strömungsdarstellungen in virtuellen Räumen, wie etwa einer CAVE[17] verlangen Berechnun-gen, die nahe an der Echtzeit rangieren. In Zukunft werden CAVE-Systeme nicht nur im Bereich der computer-unterstützten Konstruktion (CAD) eingesetzt, um Entwicklern in einem dreidimensionalen Panoramasystem das spätere Aussehen von Bauteilen, Komponenten oder ganzen Maschinenanlagen zu vermitteln, sondern angestrebt werden Szenarien, in denen physikalische Wechselwirkungen, etwa simulierte Strömungen in Echtzeit manipuliert und dargestellt werden können. Rezente CFD-Pragramme lösen diese Aufgabe selbst dann nicht, wenn in einem ersten Hub auf exakte Berechnungen verzichtet werden darf.

Bibliographie, Quellen und weiterführende Literatur

[Abbo-59]   Ira H. Abbott, Albert E. von Doenhoff: Theory of Wing Sections: Including a Summary of Airfoil Data. Dover Publications, New York 1959.

[Bech-93]   Bechert, D.W.: Verminderung des Strömungswiderstandes durch bionische Oberflächen. In: VDI-Technologieanalyse Bionik, S. 74 – 77. VDI-Technologiezentrum Düsseldorf 1993.

[Bech-97]   Bechert, D.W., Biological Surfaces and their Technological Application. 28th AIAA Fluid Dynamics Conference: 1997

[Die 17-6]   Dienst, Mi. (2017) Reihenuntersuchung zu elliptischen Profilkonturen für Leit- und Steuertragflächen. Zur Analyse der Strömungswirklichkeit von Surfboard-Finnen.
GRIN-Verlag GmbH München, ISBN(Buch): 9783668390751.

[Die 17-4]   Dienst, Mi. (2017) Superformance of Surfboard Fins. Bionik, Leistungsähnlichkeit und affine Skalierung. GRIN-Verlag GmbH München, ISBN(Buch): 9783668377158

---

17 Cave Automatic Virtual Environment, abgekürzt: CAVE;

[Die 17-3]   Dienst, Mi. (2017) Performance und Downsizing von Surfboardfinnen. Beitrag zur Phänomenologie und Strömungswirklichkeit. GRIN-Verlag GmbH München, ISBN(Buch): 9783668374898

[Die 17-1]   Dienst, Mi. (2017) Zur numerischen Analyse einer Laborfinne. Mittelschnittverfahren und Manövrierleistung. GRIN-Verlag GmbH München, ISBN(Buch): 9783668374195.

[DUB-95]   Dubbel, Handbuch des Maschinenbaus, Springer Verlag Berlin, 15.Auflage 1995.

[Eppl-90]   Richard Eppler: Airfoil Design and Data. Springer, Berlin, New York 1990.

[Fli-02]   Flindt, R. (2002) Biologie in Zahlen Berlin: Spektrum Akademischer Verl.

[Fren-94]   French, M.: Invention and Evolution: design in nature and engineering. Cambridge University Press. Cambridge 1994.

[Fren-99]   French, M.: Conceptual Design for Engineers. Berlin, Heidelberg, New York, London, Paris, Tokio: Springer: 1999

[Gel-10]   Produktinformation, 05 2010, GELITA 69412 Eberbach. www.gelita.com

[Guen-98]   Günther, B., Morgado, E. (1998) Dimensional analysis and allometric equations concerning Cope's rule. Revista Chilena de Historia Natural 71: 331-335, 1989

[Gör-75]   Görtler, H. Diemensionsanalyse. Berlin Springer 1975

[Gorr-17]   Edgar Gorrell, S. Martin: Aerofoils and Aerofoil Structural Combinations. In: NACA Technical Report. Nr. 18, 1917.

[Guen-66]   Günther, B., Leon, B. (1966) Theorie of biological Similarities, nondimensional Parameters and invariant Numbers. Bulletin of Mathematical Biophysics Volume 28, 1966.

[Gutm-89]   Gutmann, W.: Die Evolution hydraulischer Konstruktionen. Verlag W. Kramer: Frankfurt am Main, 1989.

[Hüt-07]   Hütte, 2007, 33. Auflage, Springer Verlag. S.E147

[Hux-32]   Huxley, J.S. (1932) Problems of relative Growth. London: Methuen.

[Katz-01]   Joseph Katz, Allen Plotkin (2001) Low-Speed Aerodynamics (Cambridge Aerospace Series) Cambridge University Press; 2 edition (February 5, 2001)

[Liao-03]   Liao, J.C.; Beal, D.; Lauder, G.; Triantayllou, M. Fish Exploting Vortices Decrease Muscle Activty. In: Science 2003, S. 1566-1569. AAAS. 2003.

[Lech-14]   Lecheler, S. (2014) Numerische Strömungsberechnung Springer Verlag Berlin Heidelberg. ISBN 978-3-658-05201-0

[Matt-97]   Mattheck, C.: Design in der Natur. Rombach Verlag. Freiburg 1997.

[Mial-05]   B. Mialon, M. Hepperle: "Flying Wing Aerodynamics Studies at   ONERA and DLR", CEAS/KATnet Conference on Key Aerodynamic Technologies, 20.-22. Juni 2005, Bremen.

[Nac-01]   Nachtigall, W. (2001) Biomechanik. Braunschweig: Vieweg Verlag.

[Nach-98]   Nachtigall, W. : Bionik – Grundlagen und Beispiele für Ingenieure und Naturwissenschaftler. Springer-Verlag, Berlin-Heidelberg-New York 1998.

[Nach-00]   Nachtigall, Werner; Blüchel, Kurt. Das große Buch der Bionik. Stuttgart: Deutsche Verlags Anstalt: 2000.

[Oert-11]   Oertel jr., H., Böhle, M., Reviol, Th. (2011) Strömungsmechanik, Grundlagen. Springer Verlag Berlin Heidelberg. ISBN 978-3-8348-8110-6

[PaBe-93]   Pahl. G.; Beitz, W.: Konstruktionslehre, 3.Auflage. Berlin- Heidelberg-New York-London-Paris-Tokio: Springer 1993

[Pflu-96]   Pflumm, W. (1996) Biologie der Säugetiere. Berlin: Blackwell Wissenschaftsverlag.

[Rech-94]   Rechenberg, Ingo. Evolutionsstrategie'94. Frommann-Holzoog Verlag. Stuttgart: 1994.

[Scha-13]   Schade, H. (2013) Strömungslehre. De Gruyter Verlag. ISBN-13: 978-3110292213

[Schü-02]   Schütt, P., Schuck, H-J., Stimm, B. (2002) Lexikon der Baum- und Straucharten. Nikol, Hamburg, ISBN 3-933203-53-8

[Tham-08]   Siekmann, H.E., Thamsen, P. U. (2008) Strömungslehre Grundlagen, Springer Verlag Berlin Heidelberg. ISBN 978-3-540-73727-8

[Tho-59]   Thompson, D'Arcy, W. (1959) On Growth and Form. London: Cambridge University Press. (Neuauflage der Originalschrift 1907)

[Tho-92]   Thompson, D W., (1992). *On Growth and Form*. Dover reprint of 1942 2nd ed. (1st ed., 1917). ISBN 0-486-67135-6

[Tria-95]   Triantafyllou, M.: Effizienter Flossenantrieb für Schwimmroboter. In: Spektrum der Wissenschaft 08-1995, S. 66–73. Spektrum der Wissenschaft-Verlagsgesellschaft mbH, Heidelberg 1995.

[Zie - 72]   Zierep, J. (1972) Ähnlichkeitsgesetze und Modellregeln der Strömungslehre.

[Vos-15-2]   M. Voß, H.-D. Kleinschrodt, M. Dienst: "Experimentelle und numerische Untersuchung der Fluid-Struktur-Interaktion flexibler Tragflügelprofile", Resarch Day 2015 - Stadt der Zukunft Tagungsband - 21.04.2015, Mensch und Buch Verlag Berlin, S. 180- 184, Hrsg.: M. Gross, S. von Klinski, Beuth Hochschule für Technik Berlin, September 2015, ISBN:978-3-86387-595-4.

[Vos-15-1]   M. Voss, P.U. Thamsen, H.-D. Kleinschrodt, M. Dienst (2015): "Experimeltal and numerical investigation on fluid-structure-interaction of auto-adaptive flexible foils", Conference on Modelling Fluid Flow (CMFF'15), Budapest, Ungarn, 1.-4. September 2015, ISBN (Buch): 978-963-313-190-9.

[Vos-15-2]   M. Voss, (2015) Experimentelle und numerische Untersuchung flexibler Tragflügelprofile. Dissertation, Technische Universität Berlin 2015.

[W-1]   http://de.wikipedia.org/wiki/Profil (abgerufen 04042016)

[W-2]   The Airfoil Investigation Database, http://www.worldofkrauss.com/foils/578 (abgerufen 04042016)

[W-3]   UIUC Airfoil Coordinates Database, (abgerufen 04042016) http://www.ae.illinois.edu/m-selig/ads/coord_database.html